BEI GRIN MACHT SICH IHR
WISSEN BEZAHLT

Anne Hochwald

Aus der Reihe: e-fellows.net stipendiaten-wissen

e-fellows.net (Hrsg.)

Band 1442

Die Auswirkungen von G-Kräften auf den menschlichen Organismus

GRIN Verlag

Bibliografische Information der Deutschen Nationalbibliothek:

Die Deutsche Bibliothek verzeichnet diese Publikation in der Deutschen National-
bibliografie; detaillierte bibliografische Daten sind im Internet über http://dnb.d-
nb.de/ abrufbar.

Impressum:

Copyright © 2013 GRIN Verlag GmbH
Druck und Bindung: Books on Demand GmbH, Norderstedt Germany
ISBN: 978-3-656-97749-0

Dieses Buch bei GRIN:

http://www.grin.com/de/e-book/300581/die-auswirkungen-von-g-kraeften-auf-den-
menschlichen-organismus

Inhalt

I. Einleitung

In der vorliegenden Facharbeit geht es um G-Kräfte. Die folgenden Fragen sollen beantwortet werden:

I.   Was sind G-Kräfte?

II.   Welche Auswirkungen haben sie auf den menschlichen Organismus?

III. Welche präventiven Maßnahmen gibt es, um diese möglichst gering zu halten?

Es handelt sich um eine Literaturrecherche. Zusätzlich wurde ein Interview mit einem ehemaligen Kampfpiloten geführt, um die Befunde zu validieren und zu verdeutlichen.

Aufgrund eigenen Interesses und der Tatsache, dass mehrere meiner Familienmitglieder den Beruf des Piloten ausüben, bot sich dieses Thema an, zumal ich dadurch teilweise direkten Zugang zu Fachliteratur hatte.

G-Kräfte geben eine beschleunigende Kraft an und sind unter anderem in der Kampffliegerei, aber auch z. B. im Kunstflug, bei Achterbahnfahrten oder Autorennen, von Relevanz. Das Risiko von Unfällen in der Kampffliegerei ist sehr groß. Die G-Kräfte haben daran einen erheblichen Anteil. Deswegen spielen sie in der Flugmedizin eine signifikante Rolle.

„Die Flugmedizin ist das Spezialgebiet der Medizin, das sich mit der Erfassung und Erhaltung der Gesundheit, Sicherheit und Leistungsfähigkeit derer befasst, die in der Luft oder im Weltraum fliegen."[1]

Mittlerweile ist die Technik so weit fortgeschritten, dass nicht mehr die Flugzeuge und deren Stabilität Grenzen bei der Belastung durch G-Kräfte setzen, sondern die Piloten, die den Auswirkungen der G-Kräfte selbst mit technischen Hilfsmitteln nur bis zu einem gewissen Maß standhalten können.

Der Schwerpunkt der Arbeit liegt auf den länger anhaltenden, senkrechten, positiven G-Kräften, die Kampfpiloten am stärksten beeinträchtigen.

Um eine Vertiefung des Themas „Beschleunigende Kräfte" zu erreichen, wurden Sinnesillusionen und räumliche Desorientierung zusätzlich betrachtet.

Hervorhebungen wurden kursiv gedruckt.

---

[1] Vgl. DeHart u. A., Vorwort 2. Auflage

1

II. Hauptteil

1. Physikalische Grundlagen

Verändert ein Körper seine Geschwindigkeit (v) und/oder seine Richtung (s), so wird er beschleunigt. Die Geschwindigkeit und die Beschleunigung sind Vektoren, haben also immer eine bestimmte Richtung und einen Betrag. Es gibt vier Arten von Beschleunigung: Die lineare, radiale, rotatorische und anguläre Beschleunigung. Die Beschleunigung (a) wird in Metern (m) pro Sekunde zum Quadrat (s^2) angegeben, da man die Geschwindigkeit durch die zurückgelegte Strecke teilt: $a = \frac{v}{s} = \frac{\frac{m}{s}}{s} = \frac{m}{s^2}$

1 G entspricht der durchschnittlichen Erdbeschleunigung oder Erdanziehungskraft zum Erdmittelpunkt hin, die auf der Welt wirkt. Sie beträgt $g = 9{,}81 \frac{m}{s^2}$, z. B. wenn man einen Körper fallen lässt. Die G-Kräfte geben das Vielfache der Erdbeschleunigung, die auf einen Körper wirkt, an. Die Kraft ist das Produkt aus Masse m mal Beschleunigung a, $F = m \cdot a$. Mit G als Gewichtskraft, der Masse m und der Beschleunigung $g = a$ folgt daraus $G = m \cdot g$. Wirkt auf einen Mann mit einer Masse von $m = 80\ kg$ eine Kraft von 4 G, so wirkt auf ihn eine Kraft von 3200 N, da Kraft normalerweise in Newton (N) anstatt in G angegeben wird. Dabei gilt: $N = \frac{kg \cdot m}{s^2}$ [2]

Das Trägheitsgesetz besagt: „Jeder Körper beharrt in seinem augenblicklichen Bewegungszustand, wenn er nicht durch Kräfte gezwungen wird, dies zu ändern."[3] Eben dieser Kraft, die einen Körper *auf seiner Bahn* hält, wirkt die eigentliche beschleunigende Kraft G entgegen. Häufig werden die Richtungen, in die diese zwei Kräfte wirken, verwechselt. Dieser Irrtum tritt oft auch bei der Unterscheidung zwischen der Zentripetalkraft, die nach innen hin wirkt und der Zentrifugalkraft oder Fliehkraft, die die Massenträgheit beschreibt, auf. Umgangssprachlich spricht man meist von den G-Kräften, wobei man damit die eigentliche Beschleunigungskraft meint und nicht die Kraft, die dieser entgegengesetzt ist. Deswegen erfolgen die physiologischen Auswirkungen der G-Kräfte, z. B. das Gefühl, in eine bestimmte Richtung *gedrückt zu werden*, auch entgegen der Richtung, in die eigentliche Beschleunigung wirkt.[4]

---

[2] Vgl. DeHart, S. 101 f.
[3] Götz, S. 12
[4] Vgl. Kompendium, S. 88

2

1.1. Arten von G-Kräften

Die *länger anhaltenden* G-Kräfte (sustained accelaration) können teilweise bis zu mehreren Minuten während bestimmter Flugmanöver andauern und haben hauptsächlich physiologische Schäden (s. Anhang) zur Folge. Die sog. *stoßartigen* G-Kräfte (impact/transient accelaration) sind so definiert, dass sie nur von sehr kurzer Dauer, nicht länger als ein bis zwei Sekunden, und sehr groß sind, z. B. bei einer Vollbremsung beim Autofahren. Die daraus resultierenden Schäden sind meist mechanischer Art (s. Anhang). Um die Richtung der G-Kräfte festzulegen, nutzt man ein Koordinatensystem, welches von der Position des Kopfes bzw. der Körperlängsachse abhängt. Dabei verläuft die z-Achse vertikal, die y-Achse horizontal von rechts nach links und die x-Achse auch horizontal von hinten nach vorne zum Kopf (s. Abb. 1 im Anhang). Mithilfe der drei Achsen werden die G-Kräfte genauer beschrieben und heißen dann G_z- oder senkrechte, G_x- oder transverse und G_y- oder laterale Beschleunigungen. Sie werden noch in positive (+) bzw. negative (-) G-Kräfte unterteilt. Außerdem hängen die G-Kräfte vom Betrag, der Einwirkzeit der gesamten bzw. maximalen G-Kraft, der Beschleunigungszuwachsrate[5] und der exponierten Fläche des beschleunigten Körpers ab.[6]

2. Auswirkungen auf den menschlichen Organismus

2.1. Positive Beschleunigungen ($+G_z$)

Die positiven G-Kräfte in senkrechter Richtung können z. B. im engen Kurvenflug oder beim Abfangen aus dem Sturzflug auftreten. Dort hat der Pilot das Gefühl, in den Sitz gedrückt zu werden. $+G_z$-Belastungen führen zu Bewegungseinschränkungen, die mit steigender Intensität den Körper immer stärker beeinträchtigen. Erste Auswirkungen sind dabei, dass es schwieriger wird, Arme und Beine anzuheben bzw. ab ungefähr $+5\,G_z$ die Augenlider offenzuhalten. Wird die Belastung noch größer, fehlt den Muskeln die Kraft, die Lungenabschnitte *oben zu halten*, um eine Beeinträchtigung der Rippen- und Zwerchfellatmung zu vermeiden. Aufgrund der Massenträgheit wird sozusagen der gesamte Körper mit all seinen Flüssigkeiten und Organen nach unten

---

[5] G-rate of Onset: Maß, um das sich die Beschleunigung in einer bestimmten Zeit verändert
[6] Vgl. DeHart, S. 100 f.; Vgl. Kompendium der Flugmedizin (Kompendium), S. 90-94; Vgl. London Metropolitan University (L. M. University), S. 2.17 f.

3

gedrückt, woraus z. B. ein Zwerchfelltiefstand resultieren kann, der eine Längsdeformierung des Herzmuskels zur Folge hat.[7]

Bei großen $+G_z$-Belastungen kann es zu Ventilations-Perfusions-Störungen (s. Anhang) der Lunge kommen. Das Blut im Körper *sackt nach unten*, wodurch die oberen Lungenalveolen nicht ausreichend und die unteren sehr stark durchblutet werden. Auch die Ventilation der Lunge erfolgt unter höheren $+G_z$ nicht mehr regelmäßig. Aufgrund eines größeren pulmonalen hydrostatischen Druckes (s. Anhang) wird das Blut zu den unteren Lungenlappen gedrängt, wodurch die Luft nach oben gedrückt wird. Während einer Beschleunigung weiten sich, durch die verhältnismäßig viel größere Dichte von Luft zu Blut, die Alveolen im oberen Bereich der Lunge aus und die Alveolen im unteren Bereich ziehen sich zusammen. Aufgrund von mangelnder Ventilation im unteren bzw. mangelnder Perfusion im oberen, kommt es lediglich im mittleren Bereich der Lunge zu einem ausgeglichenen Austausch von Kohlenstoffdioxid und Sauerstoff.[8]

Das Blut *versackt* aufgrund der Massenträgheit im unteren Bereich des Körpers, da es sich im Gegensatz zu den Organen nicht *fest* an einer Stelle befindet. Dadurch kommt es zu großen Blutdruckunterschieden, die im Extremfall zu einem Blutdruck von 0 mmHg (s. Anhang) anstatt 80 mmHg bei einem ausgewachsenen Mann im Kopf führen können, wohingegen der hydrostatische Druck in den Füßen ca. 370 mmHg anstatt 100 mmHg beträgt. Der fehlende arterielle Blutdruck im Kopf führt dann zu einer Minderdurchblutung im Gehirn und der Netzhaut des Auges. Es kann von verschiedenen Sehstörungen bis hin zur Bewusstlosigkeit (G-LOC[9]) und anämischen Hypoxie (s. Anhang) im Gehirn kommen.[10]

Auch der Herz-Augen-Abstand bzw. die Hubhöhe des Herzens, die normalerweise ca. 30 cm beträgt, müssen in Bezug auf körperliche Auswirkungen betrachtet werden. Bei einer Einwirkung von z. B. +5 G_z wird dieser aber mit 150 cm fünfmal so groß. Dies darf nicht so verstanden werden, dass der Körper bei einer derartigen Belastung fünfmal so lang wird, sondern dass es aufgrund der veränderten hydrostatischen Verhältnisse nun im Verhältnis ein fünfmal *so langer Weg für das Blut ist* (s. Abb. 2).[11]

Unter hohen $+G_z$ kommt es auch zu kardiovaskulären Veränderungen. Der venöse Rückstrom sinkt aufgrund eines größeren hydrostatischen Druckes, der dem venösen Druck entgegenwirkt. Da der Körper unter erhöhten $+G_z$ *versucht*, die Herzleistung (s.

---

[7] Vgl. Kompendium, S. 91, 94; Vgl. Draeger u. A., S. 65 f.; Vgl. L. M. University, S. 2.18
[8] Vgl. DeHart, S. 133-135
[9] G-LOC: G-induced Loss Of Consciousness
[10] Vgl. Kompendium, S. 95 f.
[11] Vgl. Kompendium, S. 95 f.

Anhang) aufrechtzuerhalten, steigt die Herzschlagfrequenz. Bei zu großen Belastungen kann die Herzleistung aber nicht aufrechterhalten werden, da das Herzschlagvolumen wegen des kleiner werdenden venösen Rückstroms reduziert wird. Die verminderte Herzleistung kann vom Körper aber größtenteils ausgeglichen werden, indem lebenswichtige Organe, wie das Herz und das Gehirn, stärker durchblutet werden als die übrigen Organe. Am stärksten negativ beeinträchtigt werden hierdurch die Eingeweide und die Augen. Leichte Herzerkrankungen können deswegen bei Einwirkungen von G-Kräften bereits ein großes Risiko mit teilweise bleibenden Schäden darstellen, da Ischämien (s. Anhang) auftreten können.[12]

Die kardiovaskulären Funktionen sind nahezu die verletzlichsten physiologischen Funktionen während einer hohen $+G_z$ Belastung. Deswegen sind Elektrokardiogramme (EKG) essentiell, um Forschung zu betreiben und gesundheitliche Schäden zu vermeiden. Mithilfe eines EKGs lassen sich Herzrhythmusstörungen feststellen, die teilweise erst nach der Belastung auftreten, aber nur in wenigen Fällen wirklich die G-Toleranz[13] senken. Unter starken Beschleunigungen sind zahlreiche Rhythmusstörungen zu messen, wobei die meisten aber keine signifikanten Folgen haben. Eine Ausnahme davon bildet der sog. *Sinusarrest*, ein Ausfall der Reizbildung im Sinusknoten, mit einem folgenden kurzzeitigen Herzstillstand. Dadurch fehlt kurzzeitig die Herzleistung, wodurch es zur Bewusstlosigkeit kommen kann bzw. die Zeit verlängert wird, wenn unter hohen $+G_z$ die Bewusstlosigkeit bereits eingetreten ist. Diese teilweise folgenschweren *Ausnahmen* zu ermitteln, erweist sich als schwierig.[14]

Damit geht es nun um die Bewusstlosigkeit, die unter hohen $+G_z$ eintreten kann. Durch sehr geringen Blutdruck im Gehirn bzw. durch die zuvor erwähnte Ventilations-Perfusionsstörung der Lunge kann es zu einer hypovolämischen Hypoxie (s. Anhang) kommen. Das Gehirn wird nicht mit genügend Blut und folglich nicht mit genügend Sauerstoff versorgt, welches Ausfallerscheinungen, vornehmlich Sehstörungen, zur Folge hat. Bei steigenden $+G_z$ kommt es erst zu einem Verlust des peripheren Gesichtsfeldes (PLL[15]), wenn der Blutdruck auf Augenhöhe ca. 50 mmHg beträgt. Dies führt dann zu dem sog. *Röhrensehen*, auch *Tunnel Vision* genannt. Kurz danach ab ungefähr $+4\,G_z$ folgt ein Verlust des Farbsehens, da die Zapfen in der Retina (Netzhaut) nicht mehr funktionieren, weil die Durchblutung nicht ausreicht. Dieses Phänomen

---

[12] Vgl. DeHart, S. 126 f.; Vgl. Draeger, S. 64
[13] G-Toleranz: Maß, bis zu dem man die verschiedenen G-Kräften tolerieren kann, also eine ausreichende Durchblutung des Gehirns gewährleisten kann, ohne bewusstlos zu werden (s. Kapitel 3.)
[14] Vgl. DeHart, S. 126-131
[15] PLL: Peripheral Light Loss

bezeichnet man als *Greyout*. Ab ungefähr $+4,5\ G_z$ kann es durch einen Sauerstoff-mangel im Blut um die Netzhaut zum sog. *Blackout* kommen, bei dem man noch bei Bewusstsein ist, allerdings nichts mehr sehen kann. Der Blutdruck auf Augenhöhe von ca. 20 mmHg reicht nur noch für die Funktion einiger anderer Gehirnareale aus, um z. B. etwas zu hören. Da der Augeninnendruck aber normalerweise bei ca. 15 - 20 mmHg liegt, gibt es zwischen dem Blutdruck im Gehirn und dem Augeninnendruck keinen signifikanten Gradienten mehr, um eine Durchblutung der Netzhaut zu gewährleisten. Allerdings ist es möglich für sehr kurze Zeiten noch viel größeren $+G_z$-Belastungen ohne Sehstörungen standzuhalten, da die *Sauerstoffreserven* im Gehirn und den Augen bzw. der Netzhaut für einige Sekunden ausreichen. Die angegebenen Toleranzgrenzen können natürlich je nach persönlicher Verfassung sowohl nach oben als auch nach unten abweichen. Wird die Belastung durch die $+G_z$ zu groß, so tritt die Bewusstlosigkeit ein (G-LOC), da die Blutversorgung des zentralen Nervensystems eine kritische Grenze unterschritten hat. Diese Grenze variiert stark von Mensch zu Mensch. Während des Fliegens bewusstlos zu werden, ist unabhängig davon, ob es sich um Kampffliegerei oder Kunstflug handelt, extrem gefährlich. Die zuvor auftretenden visuellen Störungen können und sollten als Warnsignale erkannt werden, um mögliche Gegenmaßnahmen anzusetzen bzw. die Belastung zu verringern. Bei sehr hohen Beschleunigungszuwachsraten von über $+5\ G_z/s$ kann es auch zu sofortiger Bewusstlosigkeit *ohne Vorwarnung* kommen. Die Bewusstlosigkeit kann man in zwei Phasen von individueller Dauer einteilen. Die absolute Phase dauert ca. 2 - 38 s, während der man vollkommen bewusstlos ist. Dieser folgt die relative Phase mit einer Dauer von ca. 2 - 97 s, die durch Verwirrung und Orientierungslosigkeit gekennzeichnet ist. Im Durchschnitt vergehen meist mindestens 15 s bis zur völligen Erholung. Außerdem kann es aufgrund der Mangeldurchblutung des Gehirns zu Gedächtnisverlust vor bzw. während des Manövers kommen, welches die Reorientierungsphase noch verlängert. Dies kann in Kampfflugzeugen mit Geschwindigkeiten von bis zu 1000 $\frac{km}{h}$ vor allem im Tiefflug oder während anderer Manöver fatal sein und hat schon zu Verlusten zahlreicher Piloten geführt.[16]

Die Anzahl der Hormone Adrenalin, Noradrenalin und Cortisol (Hydrocortison) im Blut, die vom sympathischen Nervensystem (s. Anhang) ausgesandt werden, steigen mit einer größeren $+G_z$-Belastung. Folglich haben die $+G_z$ auch Auswirkungen auf andere

---

[16] Vgl. DeHart, S. 136-138; Vgl. L. M. University, S. 2.18; Vgl. Whinnery, Abstract

Stoffwechselvorgänge im Körper. In diesem Fall ist vermutlich Stress ein Auslöser der Produktion dieser spezifischen Hormone.[17]

2.2. Negative Beschleunigungen ($-G_z$)

Negative Beschleunigungen ($-G_z$) wirken auf den Körper z. B. beim Rückenflug, also verkehrtherum fliegen, oder bei einem vorwärts geflogenen Looping. Dabei fühlt es sich für den Piloten so an, als würde er *aus dem Sitz gehoben*. Er wird in die Schultergurte gedrückt. Die $-G_z$ stellen in der Kampffliegerei normalerweise kein Problem dar, da man mithilfe einer einfachen *Rolle* die Richtung der G-Kräfte vertauschen kann und somit wieder $+G_z$ wirken. Problematisch werden $-G_z$ hauptsächlich im Kunstflug. Im Gegensatz zu den $+G_z$ *versackt* das Blut nicht in den Füßen, sondern wird in Richtung des Kopfes verschoben, wodurch es zu einer Blutüberfüllung des Gehirns und der Augen und folglich dort zu einem viel zu großen Blutdruck kommt. Durch $-G_z$ sinkt die Herzschlagfrequenz stark und das Lungenvolumen verkleinert sich fast um ein Viertel. Die Reißfestigkeit der Hirngefäße ist geringer als die der übrigen Gefäße im Körper. Deswegen hat der Mensch im Gegensatz zu den $+G_z$ eine wesentlich geringere Toleranz gegenüber den $-G_z$. Bei länger anhaltenden, größeren Belastungen als $-3\,G_z$ besteht das Risiko der Ruptur eines Hirngefäßes, welches zu Dauerschädigungen oder durch Hirnblutungen, wie z. B. bei Aneurysmen, zum Tod führen kann. Auch bei den $-G_z$ können Sehstörungen auftreten, die als sog. *Rotsehen* oder *Redout* bezeichnet werden. Hierbei wird das muskellose Unterlid des Auges durch die Massenträgheit nach oben geschoben, wodurch man wie durch einen *Rotschleier* sieht.[18]

2.3. Transverse ($+G_x/-G_x$) und laterale Beschleunigungen ($+G_y/-G_y$)

Transverse Beschleunigungen wirken z. B. beim Landen und abruptem Abbremsen auf einem Flugzeugträger ($+G_x$) bzw. beim Start ($-G_x$). Die Toleranzgrenze des Menschen gegenüber diesen Beschleunigungen ist wesentlich größer, als gegenüber den G_z. Man könnte deswegen durch eine Bauch- bzw. Rückenlage des Piloten die G-Toleranz erhöhen. Dies ist in der Kampffliegerei konstruktionstechnisch nicht möglich, wurde aber z. B. in Raketen der NASA genutzt, um Astronauten beim Start bzw. beim Wiedereintritt in die Erdatmosphäre zu schützen. G_x-Belastungen führen dazu, dass die Herz-leistung im Gegensatz zu den $+G_z$ steigt. Es kommt zu keiner Minderdurchblutung des Gehirns. Die Blutverteilung unterscheidet sich lediglich minimal von der Körperrück-seite zur Körpervorderseite. Unterschiede bestehen

---

[17] Vgl. DeHart, S. 135
[18] Vgl. Kompendium, S. 99 f.; Vgl. DeHart, S. 151; Vgl. L. M. University, S. 2.18

zwischen $+G_x$ und $-G_x$ vor allem während der Atmung. Während positiver G_x wird die Lunge gegen die Wirbelsäule gepresst, wodurch bei z. B. $+6\,G_x$ das Lungenvolumen um bis zu 50 - 75 % verkleinert wird. Dies führt zu einer erheblichen Einschränkung der Atmung. Bei $-6\,G_x$ wird das Lungenvolumen hingegen *nur* um 15 % kleiner, da die Lunge *fast nicht behindert* wird. Weiterhin wird die Lunge in der Ausatemposition gehalten, welches zum Ausgleich eine forcierte Zwerchfellatmung erfordert. Ab Werten von $+12\,G_x$ kann es zu einem starken Tränen der Augen kommen.[19]

Die Auswirkungen durch laterale $(+G_y/-G_y)$ ähneln stark denen durch transverse Beschleunigungen und werden auch in dem Großteil der Fachliteratur nicht näher erläutert, da die Toleranzgrenze des Menschen bei beiden selbst in der Kampffliegerei normalerweise nicht erreicht wird.[20]

2.4. Stoßartige G-Kräfte

Stoßartige G-Kräfte (impact accelaration) dauern nicht länger als 2 s an. Meist sind mechanische Schäden, vor allem Verletzungen an der Wirbelsäule bzw. im Halsbereich, z. B. durch das plötzliche Herausschießen aus dem Flugzeug mit einem Schleudersitz, die Folge. 50 % der Überlebenden eines Rettungsausschusses weisen Gliedmaßenverletzungen auf. Um das Verletzungsrisiko zu verringern, konstruiert man Schleudersitze so, dass Werte von $+21\,G_z$ nicht überschritten werden. Bei sehr großen Beschleunigungszuwachsraten kann es zum sog. A-LOC (Almost G-induced Loss Of Consciousness) kommen, der Ähnlichkeiten zum G-LOC aufweist, wie z. B. den Verlust der Erinnerung und einiger motorischer Fähigkeiten. Er ist aber von viel kürzerer Dauer und führt nicht zu vollständiger Bewusstlosigkeit. Der Körper kann stoßartigen G-Kräften von bis zu +25 G in der vertikalen Achse (z) und +45 G in den horizontalen Achsen (x und y) standhalten.[21]

2.5. Weitere Faktoren

Die bereits mehrfach erwähnte Beschleunigungszuwachsrate (G-rate of Onset) beeinflusst die G-Toleranz eines Menschen insofern, dass diese für die ersten 10 - 15 s kleiner wird als gewöhnlich, wenn die G-rate of Onset sehr groß ist, weil der Körper z. B. bei $+G_z$ auf den plötzlichen Blutdruckabfall mit Verzögerung reagiert. Die kardiovaskulären Reflexe setzen erst später ein, wodurch der Blutdruck wieder ansteigt. Danach ist die G-Toleranz des Piloten wieder *etwa normal*. Das Risiko, bei einer großen

[19] Vgl. DeHart, S. 151 f.; Vgl. Kompendium, S. 100 f.; Vgl. Draeger, S. 67-69
[20] Vgl. Kompendium, S. 100 f.
[21] Vgl. DeHart, S. 107, 138; Vgl. Kompendium, S. 328 ff.; Vgl. L. M. University, S. 2.18

G-rate of Onset bewusstlos zu werden, ist relativ hoch, weil es durch zu geringen Blutdruck schnell zu einer Sauerstoffunterversorgung im Gehirn kommen kann. Viele andere Wirkfaktoren, wie z. B. die Tagesform, der Trainingsstand, die persönliche Einstellung oder die körperliche Verfassung (Größe und Gewicht), beeinflussen die Auswirkungen auf den Körper zusätzlich.[22]

Kampfpiloten tragen während des Fliegens immer einen Helm mit einer Masse von bis zu 2,5 kg. Dieses zusätzliche Gewicht kann, vor allem, wenn man sich z. B. nach vorne beugt, ein großes Risiko für die Halswirbelsäule darstellen. Trotzdem nutzt man den Helm. Er ist für den Schutz des Kampfpiloten, sowohl während abrupter Manöver als auch bei einem Ausschuss mit dem Schleudersitz, essentiell. Weiterhin erfolgt durch ihn die Beatmung.[23]

3. Präventive Maßnahmen zur Erhöhung der G-Toleranz

Um ein G-LOC zu vermeiden, versucht man, den Blutdruck im Gehirn möglichst lange ausreichend hoch zu halten. Es bieten sich dazu zahlreiche, sowohl körperliche als auch technisch induzierte Maßnahmen an. Vornehmlich geht es um die Erhöhung der G_z-Toleranz gegenüber senkrechten Beschleunigungen, da diese am häufigsten auftreten und die menschliche Toleranz ihnen gegenüber am geringsten ist. Statistisch gesehen gibt es keinen Unterschied zwischen G-Toleranzen von Männern und Frauen. Allerdings gibt es nicht viele Frauen, die den Beruf eines Kampfpiloten ausführen, also wenige Personen, um valide Statistiken zu erstellen. Die G-Toleranz eines jeden steht aber in direktem Zusammenhang mit dem Alter, dem Gewicht und der Größe. Man sagt, dass bei ausreichendem Training und Erfahrung etwa um das Alter von 35 - 40 Jahren eine relativ ideale G-Toleranz erreicht wird. Ist man schwerer oder kleiner, so hat man normalerweise eine höhere G-Toleranz, als jemand, der leichter oder größer ist.[24]

3.1. Anti-G-Hose

Die Anti-G-Hose (s. Abb. 3) wurde im 2. Weltkrieg entwickelt und hat sich seitdem nur minimal verändert. Sie wird als Grundmaßnahme zur Erhöhung der G_z-Toleranz verstanden und ist ein pressluftbetriebenes System. Ab ungefähr +2 G_z werden automatisch durch das Druckluftsystem des Flugzeugs 5 Luftkammern aus Gummi, aus

---

[22] Vgl. Kompendium, S. 92 f., 332; Vgl. Draeger, S. 66
[23] Vgl. Draeger, S. 66
[24] Vgl. DeHart, S. 145

denen die Hose besteht, aufgeblasen. Der Luftdruck in den Kammern steigt proportional zur G_z-Belastung um etwa 1,5 psi (s. Anhang) pro G_z bis zu maximal ca. 10 psi. Damit kann die G_z-Toleranz um bis zu 1,5 G_z erhöht werden, da das *Versacken* des Blutes in die Beine verringert und dadurch die Durchblutung des Gehirns verbessert wird.[25]

3.2. Anti-G-Anzug („Libelle")

Die „Libelle G-Multiplus" ist ein flüssigkeitsgefüllter Ganzkörper-Anzug, der einige Jahre von der deutschen Luftwaffe im Eurofighter, einem neuen Kampfjet, genutzt wurde, um noch größeren Belastungen Stand zu halten. Er ist *autonom*, also sozusagen *selbstständig*, da er nicht pneumatisch vom Flugzeug befüllt werden muss. Das Prinzip ist einer Libelle nachempfunden. Ihre Organe sind von einer Flüssigkeit umgeben. Die starken G-Kräfte von bis zu 30 G, die im Flug auf Libellen wirken können, beeinträchtigen diese nicht.[26]

Die im Anzug eingebettete Flüssigkeit führt unter G-Belastung zu einem automatischen Gegendruck. Der gesamte Vorgang beruht auf dem hydrostatischen Prinzip (s. Anhang). Befindet sich ein Körper in einer Flüssigkeit, so ist der Druck, der auf ihn wirkt, im unteren Bereich größer als im oberen Bereich. Dadurch entsteht ein Auftrieb. Im Falle der „Libelle G-Multiplus" könnte man sich vorstellen, dass ein Mensch in einem Pool von Wasser umgeben wäre. Würden beschleunigende Kräfte auf den Pool wirken, so bliebe der Mensch im Pool unversehrt. Der Gegendruck, der im Wasser entsteht, zeigt sich hier in der Form des Auftriebs des Körpers. So wie der Mensch im Pool aufsteigt, so sinkt das Blut im Körper gar nicht erst ab. Dies hat einen Ausgleich des Flüssigkeits- und Blutdrucks zur Folge und verhindert damit das *Versacken* des Blutes.[27]

Das Prinzip des Gegendrucks ist aber nur wirksam, wenn der Körper, bis auf die Hände, Füße und das Gesicht, lückenlos und eng von der Flüssigkeit umgeben ist. Deswegen muss ein solcher Anzug immer maßgeschneidert werden. Mittlerweile hat man das Füllvolumen des Anzugs auf 1,1 Liter reduziert. Theoretisch und praktisch ist es nicht von Relevanz, wie viel Flüssigkeit den Körper umgibt, solange er lückenlos eingeschlossen ist. Durch das Tragen des Anzugs muss das PPB (s. 3.4.) erst ab ca. +10 G_z durchgeführt werden, welches die Kommunikation während des Fliegens deutlich verbessert. Die G_z-Toleranz ist trotzdem nicht unendlich groß, da die Belastung auf die Nerven bestehen bleibt. Weiterhin funktioniert das Prinzip nur, wenn *nicht* gleichzeitig die Muskeln angespannt werden (AGSM, s. 3.3.). Deswegen werden die

---

[25] Vgl. DeHart, S. 147 f.
[26] Vgl. DeHart, S. 148
[27] Vgl. DeHart, S. 148; Vgl. Behar, S. 32-34

Anzüge trotz ihrer technischen Überlegenheit vorerst nicht mehr von der Luftwaffe genutzt werden. Den älteren Generationen von Piloten kann man das AGSM nicht mehr *abtrainieren*. Erst neue Generationen könnten diese Anzüge wirklich effizient nutzen.[28]

3.3. Anti-G-Straining-Maneuver (AGSM)

Das Anti-G-Manöver besteht aus der L1- und der M1-Methode und kann bei korrekter Durchführung die G-Toleranz um +1,5 bis +2,5 G_z erhöhen. Zuerst wird, während die Muskulatur der Ober- und Unterschenkel, der Ober- und Unterarme sowie des Thorax- und Bauchraumes gleichzeitig stark angespannt wird, nach kurzem Aus- und Einatmen die Atemluft für etwa 3 s gegen die geschlossene Stimmritze (L1-Manöver) oder die teilweise geöffnete Stimmritze (M1-Manöver) gepresst. Danach erfolgt ein kurzes und forciertes Aus- und Einatmen, welches man mit einer Press- oder Druckatmung kombiniert. Diese Methode ist sehr anstrengend und kann maximal 30-45 s durchgeführt werden. Mithilfe der Pressatmung kann ein vollständiges *Versacken* des Blutes in den Füßen bis zu einer bestimmten G_z-Belastung verhindert werden. Dieses Manöver muss erlernt und trainiert werden, z. B. in einer Human-Zentrifuge (s. 3.6.).[29]

3.4. Überdruckbeatmung (Positive Pressure Breathing, PPB)

Durch *Überdruckbeatmung* kann die durch das AGSM verursachte Anstrengung erheblich reduziert und die G-Toleranz um bis zu +0,5 bis +1,0 G_z erhöht werden. Sie ist ein unterstützendes System der Anti-G-Hose. Dazu trägt man eine Weste, die mit Luft gefüllt werden kann, um so einen Druck auf den Thorax (Brustkorb) auszuüben. Daraus resultiert ein erhöhter Druck im Bauchraum, wodurch der venöse Rückstrom verstärkt wird. Die Herzleistung steigt und führt zu einer besseren Gehirndurchblutung. In dieser *Gegendruck-Weste* wird der Luftdruck genau wie in der Anti-G-Hose in Abhängigkeit von der G_z-Belastung erhöht. Außerdem ist sie so konzipiert, dass sie nicht mit Luft gefüllt wird, falls die Anti-G-Hose ausfallen sollte, um das Auftreten ungleicher Druckverhältnisse zu vermeiden.[30]

3.5. Änderung der Körperlage

Der Abstand zwischen dem Herz und den Augen bzw. dem Gehirn, die Hubhöhe des Herzens, ist bei hohen G_z-Belastungen nicht zu vernachlässigen. Durch die starken Druckunterschiede wird die Hubhöhe sehr groß, kann aber durch das nach Vorne- oder Hintenbeugen erheblich reduziert werden. Dies kann man durch eine Veränderung des

---

[28] Vgl. DeHart, S. 148; Vgl. Interview mit ehemaligem Kampfpiloten; Vgl. Behar, S. 32-34
[29] Vgl. Kompendium, S. 103 f.; Vgl. DeHart, S. 148
[30] Vgl. DeHart, S. 149 f.; Vgl. Kompendium, S. 102

Neigungswinkels (s. Abb. 4) des Sitzes erreichen, welches aber nur bis zu einem gewissen Grad praktikabel ist, da der Pilot sonst keine ausreichende Sicht hat bzw. die Instrumente nicht bedienen kann. Mit einer Verringerung der Hubhöhe um 10 cm kann man die $+G_z$-Toleranz um bis zu $+1\,G_z$ erhöhen. Außerdem werden durch die veränderte Lage teilweise senkrechte in transverse G-Kräfte umgewandelt, denen der Körper einfacher Stand halten kann.[31]

3.6. Zentrifugen-Training

Um die positive G_z-Toleranz eines Menschen zu erhöhen und aufrecht zu erhalten, ist es unerlässlich, regelmäßig großen Beschleunigungen ausgesetzt zu werden. Man sollte mindestens einmal in der Woche im Flugzeug fliegen, um seinen *Trainingsstand* nicht zu verlieren. In einer Human-Zentrifuge, die die beschleunigenden G-Kräfte simuliert, trainiert man nicht im eigentlichen Sinne. Dort werden eher Überprüfungen des Trainingsstandes durchgeführt, also wie effizient ein Flugschüler das AGSM ausführt, um *damit* seine G-Toleranz zu erhöhen. In die Zentrifuge geht man aber nicht regelmäßig, wie wenn man beispielsweise mehrmals wöchentlich eine bestimmte Sportart trainiert. Human-Zentrifugen (s. Abb. 5) sind alle ähnlich aus einer an einem 4,6 - 7,6 m langen Arm hängenden Kabine aufgebaut. Der Arm ist im Zentrum an einer Spindel befestigt und wird von einem Drehstrommotor betrieben. Die Gondel ist so beweglich, dass sie bei größeren Beschleunigungen nach außen schwingen kann, sodass nur senkrechte und keine transversen G-Kräfte auf Insassen wirken.[32]

In der Zentrifuge gibt es verschiedene Trainingsprofile, von unterschiedlicher Dauer und Belastung, die sich international relativ ähnlich sind. In den USA trainiert man z. B. mit dem Ziel, einer Belastung von $+7\,G_z$ für 15 s Stand zu halten. Hierzu werden die jeweiligen Auszubildenden zuerst einer starken Beschleunigungszuwachsrate (ROR[33]) mit $+4\,G_z$ für 15 s, dann $+5\,G_z$ für 30 s, $+6\,G_z$ für 30 s und zum Schluss $+7\,G_z$ für 15 s ausgesetzt. Wenn die Auszubildenden dies nach wiederholten Versuchen nicht *durchhalten,* sagt man, dass sie eine niedrige G-Toleranz haben. Es ist möglich, dass sie dann sogar die Ausbildung abbrechen müssen. Sind sie erfolgreich, so folgen noch Durchläufe von $+8\,G_z$ für 10 s bzw. $+9\,G_z$ für 5 s. Zwischen diesen verschiedenen Durchläufen haben die Auszubildenden Pausen von 2 Minuten. Diese verschiedenen Profile werden jeweils alle an einem Tag durchgeführt. In Deutschland betragen die Beschleunigungszuwachsraten im Schnitt $+10\,G_z/s$ und in den USA $+6\,G_z/s$.

---

[31] Vgl. Kompendium, S. 103
[32] Vgl. DeHart, S. 124 f., 140, 143
[33] ROR: Rapid On-set Rate; Mindestens 3 G/s

Normalerweise ist es das Ziel jedes Kampfpiloten, eine Toleranz von mindestens $+9\,G_z$ und $-2\,G_z$ zu erreichen.[34]

Wissenschaftler sind sich noch nicht darüber einig, ob die wiederholte Exposition der Piloten in der Zentrifuge unter großen Beschleunigungen eine Leistungssteigerung im Sinne eines Trainingseffekts, also einer physiologischen Veränderung ist, oder ob das Anti-G-Manöver nach einer gewissen Zeit einfach nur effizienter ausgeführt wird (sog. Indoktrination[35]).[36]

3.7. Körperliches Training

Eine gewisse körperliche Fitness wird bei Kampfpiloten vorausgesetzt. Um unter großen $+G_z$-Belastungen eine ausreichende Durchblutung des Gehirns zu gewährleisten, muss auch das Herz als Muskel trainiert werden. Dies kann man am einfachsten mit Sportarten erreichen, die möglichst viele Muskelgruppen gleichzeitig beanspruchen, wie z. B. Schwimmen oder Laufen. Allerdings sollten Ausdauer-Sportarten, die die Herzkreislauf-Leistungsfähigkeit steigern, nur in Maßen betrieben werden, da z. B. exzessives Lauftraining zu niedrigem Blutdruck und einem niedrigeren Ruhepuls führen kann, welches die G-Toleranz sogar zu senken vermag. Versuche haben gezeigt, dass man mithilfe eines reinen Krafttrainings seine G-Toleranz im Gegensatz zu reinem Lauftraining bzw. gar keinem Training erhöhen kann. Das Krafttraining setzt aber eine gewisse Ausdauer und Herzleistung voraus, sodass eine Mischform aus Kraft- und Ausdauer-Training ideal ist, um die G-Toleranz zu erhöhen.[37]

3.8. Ernährung

Da das Fliegen in einem Kampfjet sehr kräftezehrend ist, sollte ein Pilot vor dem Flug möglichst viele Kohlenhydrate zu sich nehmen. Ein Schokoriegel und eine Cola werden daher oft als *fighter pilot's breakfast* bezeichnet. Trotzdem würde ein Fliegerarzt ein *ausgewogenes* Frühstück empfehlen, infolgedessen der Zuckerspiegel nicht so schnell absinkt wie bei zuckerhaltiger Nahrung, wie z. B. einer Cola.[38]

---

[34] Vgl. Dančuo, u. A., S. 64-69
[35] Indoktrination: von lat. doctrina, *Belehrung*
[36] Vgl. Kompendium, S. 104
[37] Vgl. DeHart, S. 148 f.; Vgl. Kompendium, S. 221
[38] Vgl. DeHart, S. 146

4. Sinnesillusionen und räumliche Desorientierung

Große beschleunigende Kräfte können aufgrund von nicht miteinander übereinstimmenden Informationen des vestibulären und visuellen Systems in bestimmten Flugmanövern zu Täuschungen der räumlichen Wahrnehmung führen.

4.1. Die Otolithen und ihre Funktionen

Im Innenohr befinden sich die knöchernen Bogengänge. Dieses Gleichgewichtsorgan (s. Abb. 6 und 7) enthält in Form zweier Säckchen, Utriculus und Sacculus, den sogenannten *Otolithenapparat*. Die Härchen der Sinneszellen der zwei Säckchen ragen in eine gallertartige Membran hinein. Diese Rezeptoren geben in Bezug auf lineare bzw. anguläre Beschleunigung entsprechende Signale an das Gehirn weiter, wodurch man sich orientieren bzw. sein Gleichgewicht halten kann und z. B. auch mit geschlossenen Augen weiß, dass man seinen Kopf dreht.[39]

„Vestibular illusions of motion, occur because certain vehicles, particularly aircraft, place the passenger in situations of sustained acceleration and nonvertical orientation for which the human body is not naturally adapted."[40]

Das Zitat bedeutet übersetzt: "Vestibulär erzeugte Bewegungsillusionen treten auf, weil bestimmte Fahrzeuge, vor allem Flugzeuge, den Passagier in Situationen länger anhaltender Beschleunigungen und nicht vertikaler Orientierung bringen, denen der menschliche Körper nicht auf natürliche Weise angepasst ist."

Fliegt ein Pilot z. B. bei schlechtem Wetter und verlässt sich nur *auf sein Gefühl*, so ist es möglich, dass er aufgrund falscher Annahmen einen Fehler begeht und abstürzt. Deswegen muss ein Pilot immer seinen Instrumenten *vertrauen* und nicht seinen Sinnen, denn auch der Tastsinn kann einem im Kurvenflug z. B. das Gefühl geben, dass man sich senkrecht zum Boden befinde, das sog. „Hosenbodengefühl"[41], obwohl man doch in Schräglage ist. Weiterhin kann es durch die Unterschiede zwischen dem visuellen und dem vestibulären Signal zur sog. Bewegungskrankheit kommen, bei der man ein Gefühl von Übelkeit hat. Die Bewegungskrankheit kann auch auftreten, wenn man sich in einem Flugsimulator befindet, der sich nicht einmal bewegt. Allein die visuellen Reize reichen bereits aus, um sozusagen *die Sinne zu verwirren*.[42]

---

[39] Vgl. L. M. University, S. 6.2-6.4; Vgl. Kompendium, S. 142-144
[40] Wickens u. A., S. 118
[41] Kompendium, S. 144
[42] Vgl. Wickens, S. 118 f.; Vgl. L. M. University, S. 6.2-6.4; Vgl. Kompendium, S. 142-144

4.2. Verschiedene vestibuläre Täuschungen und ihre Effekte bzw. Risiken

Bei starken Beschleunigungen durch Schuberhöhung bewegt sich die Otolithenmembran nach hinten. Dies signalisiert auch unserem Gehirn eine Neigung nach hinten, als würde man *steigen*, obwohl dies gar nicht der Fall ist. Bei einer starken Verringerung der Geschwindigkeit kommt es zum gegenteiligen Effekt, welches als *Sinken* empfunden wird (s. Abb. 8). Diese Täuschungen werden als Somatogravische Illusionen bezeichnet.[43]

Befindet man sich im langen und stabilen Kurvenflug und beugt sich dabei beispielsweise vornüber, so kommt es zum Coriolis Effekt, der zu starker Desorientierung führen kann. Die Flüssigkeit in den Bogengängen, die sich zuerst *stabilisiert* hat, gerät dann in Bewegung.[44]

Fliegt man aus einer lang gezogenen Kurve wieder heraus, so hat sich zuvor die Flüssigkeit in den Bogengängen *stabilisiert*. Befindet man sich wieder in waagerechter Position, so hat man das Gefühl, als würde man sich in die Gegenrichtung neigen, da die Flüssigkeit in den Bogengängen sich verschoben hat. Um dieses Gefühl des *Hängens oder auch Leans* wieder auszugleichen, könnte ein Pilot sich fälschlicherweise zur Seite lehnen, obwohl er eigentlich gerade sitzt.[45]

Das sog. *Friedhofstrudeln* ist eine weitere vestibuläre Täuschung, bei der nach Beendigung zahlreicher kreisförmiger Trudelbewegungen die Illusion des Trudelns in die entgegengesetzte Richtung entsteht. Wenn ein Pilot dann nicht auf die Instrumente achtet, könnte er wieder in eine Trudelbewegung geraten, die bis zum Boden führt und tödlich enden kann. Dies erklärt auch die Namensgebung.[46]

5. Auszüge eines Interviews mit einem ehemaligen Kampfpiloten

Haben Sie je ein G-LOC erfahren? Wenn ja, wie haben sie es empfunden?

- „Ja, einmal, in der Ausbildung. Dort bin ich allerdings nicht selber geflogen und hatte schon zuvor Magenprobleme, weshalb ich die Bauchmuskeln während des Anti-G-Manövers nicht ausreichend anspannen konnte. (…) Als ich wieder aufgewacht bin, wusste ich nicht, wo ich war und habe nur Instrumente vor mir

---

[43] Vgl. L. M. University, S. 6.2 f.
[44] Vgl. DeHart, S. 216
[45] Vgl. Kompendium, S. 145
[46] Vgl. DeHart, S. 213 f.

gesehen. Es war wie in einem Traum und hat eine ganze Weile gedauert, bis ich mich wieder komplett orientiert hatte. Wie lange, kann ich nicht sagen."

Gewöhnt man sich an die durch G-Kräfte induzierten Ausfallerscheinungen?

- „Mit zunehmender Erfahrung spielt man damit. Im Luftkampf wird es zwar immer härter immer noch das AGSM durchzuführen, meist hat man aber fast gar keine Gelegenheit dazu, die G-Kräfte zu reduzieren, um Energie zu tanken. (...) Ich selbst habe es oft bis zum Greyout getrieben. Einige haben es sogar bis zum Blackout durchgezogen, aber dann war auch Schluss, sonst wäre es zum G-LOC gekommen."

Wie würden Sie die Beschleunigungen in einer Human-Zentrifuge charakterisieren?

- „G-Kräften in der Zentrifuge ausgesetzt zu sein, fand ich immer wesentlich schwieriger zu ertragen als im Flugzeug, da einem schließlich der optische Anhaltspunkt zur Orientierung fehlt. (...) Die erste Beschleunigung ist fantastisch, weil man denkt, man starte senkrecht nach oben. Allerdings ist das Abbremsen sehr eklig, da man sich förmlich so fühlt, als würde man sich mehrfach überschlagen."

Gewöhnt man sich irgendwann an die vestibulären Täuschungen bzw. kann man dagegen eine Toleranz entwickeln?

- „Dagegen kann sich keiner wehren. *Spacial disorientation* kann man noch nach Jahren erfahren. Man kann sich allerdings daran gewöhnen, hauptsächlich nach Instrumenten zu fliegen. Trotzdem muss man sich auf seine Augen verlassen können, um vor allem im Luftkampf den Gegner zu sehen. Da dreht man sich auch mal im Kurvenflug um, obwohl das zum Verlust der Orientierung führen kann. Man muss sich damit arrangieren und ein Mittelmaß finden."

Das Interview beantwortet zusammenfassend einige der wichtigsten Fragestellungen der Arbeit. Es veranschaulicht die Zusammenhänge wesentlich. Es handelt sich um eine Primärquelle.

III. Schluss

Die Fragestellung der Arbeit wurde zusammenfassend wie folgt beantwortet:

I. G-Kräfte sind beschleunigende Kräfte, die unter anderem in der Kampffliegerei auftreten.

II. Die senkrechten, positiven G-Kräfte, die den Organismus am stärksten beeinträchtigen, können zu Mangeldurchblutung und Sauerstoffunterversorgung im Gehirn führen. Daraus resultieren Seh- und/oder Bewegungsstörungen und im schlimmsten Fall ein G-LOC.

III. Um diesen Auswirkungen vorzubeugen, gibt es körperliche und technische Möglichkeiten, zur signifikanten Erhöhung der G-Toleranz eines Menschen. Zur Verbesserung der menschlichen Leistungsfähigkeit und zur Vermeidung von Unfällen, ist z. B. eine effiziente Ausführung des AGSM's oder die Nutzung einer Anti-G-Hose eminent.

In Zukunft wird man durch Fortschritte in der Forschung die Auswirkungen durch G-Kräfte auf den menschlichen Organismus eventuell weiter verringern können, indem man z. B. neue Anzüge konstruiert. Die physikalischen Effekte wird man aber nie komplett *ausschalten* können. Bereits jetzt geht man immer öfter dazu über, unbemannte, ferngesteuerte Drohnen zu nutzen. Diese werden bisher vom Militär in vielen Ländern der Welt hauptsächlich zur Aufklärung verwendet. Einige wenige können auch selektiv Waffen gegen Einzelziele einsetzen. Drohnen werden in der Zukunft wahrscheinlich immer mehr Aufgaben von heutigen Kampfflugzeugen übernehmen, um die oben diskutierten menschlichen Schwächen zu reduzieren.

G-Kräfte wirken beim Einsatz von Drohnen nur auf Werkstoffe und moderne Technologie. Im Rahmen des Mensch-Maschine-Systems (MMS) nimmt man damit den schwachen Teil der Gleichung, den Menschen, heraus. Da die physiologischen Einschränkungen des Menschen nicht mehr im Vordergrund stehen, ergeben sich durch den Einsatz von Drohnen vielfältigere Möglichkeiten.

Aufgrund seiner Überlegenheit und Flexibilität im Vergleich zu Sensoren, ist der Mensch zurzeit allerdings in vielen Bereichen aus der Fliegerei noch nicht wegzudenken. Um vorerst weiterhin optimal seine Aufgaben als Kampfpilot auszuführen, muss er sich deswegen mit den G-Kräften arrangieren und effektiv präventive Maßnahmen durchführen, um sicher fliegen zu können.

IV. Anhang

1. Begriffserläuterungen (chronologisch)

- Physiologie: Lehre von den physikalischen und biochemischen Vorgängen in den Organen, Systemen und dem Körper des Menschen, z. B. der Stoffwechsel; Hier z. B. Irregularitäten der Sauerstoffversorgung des Blutes.
- Mechanisch (hier): Verletzungen, die durch Gewalteinwirkung von außen entstehen, z. B. Frakturen, Knochenbrüche, Platzwunden, Quetschungen oder Prellungen.
- Perfusion: Durchblutung der Lungenalveolen.
- Ventilation: Belüftung der Lungen und Lungenalveolen während der Atmung.
- Hydrostatischer Druck: Der Druck, der aufgrund der Gravitation der Erde auf eine ruhende Flüssigkeit wirkt (hier auf das Blut).
- mmHg: Eine Druckangabe in der Medizin, z. B. zur Blutdruckmessung (Millimeter Quecksilbersäule).
- Hypoxie: Mangelversorgung des Gewebes mit Sauerstoff; Blutmangel als Ursache einer anämischen Hypoxie.
- Herzleistung: Das Produkt aus Herzschlagvolumen und Herzschlagfrequenz; Die Herzleistung und der venöse Rückstrom beeinflussen einander.
- Ischämie: Minderdurchblutung eines Gewebes.
- Hypovolämischer Schock: Kann durch akuten Flüssigkeitsverlust oder Verteilungsstörungen (hier: Sauerstoffsättigung im Körper) zu schweren Schäden führen.
- Sympathisches Nervensystem: Teil des vegetativen Nervensystems; Es bewirkt erhöhte Handlungsbereitschaften.
- psi: Maßeinheit für den Druck (pound-force per square inch).
- Hydrostatisches Prinzip: Die Hydrostatik beschäftigt sich mit unbewegten Flüssigkeiten und Gasen; Befindet sich ein Körper in einer Flüssigkeit, so ist der Druck, der auf ihn wirkt, im unteren Bereich größer als im oberen Bereich.

2. Literaturverzeichnis

Behar, M. (24. März 2002). Defying Gravity - A small Swiss firm develops an innovative G suit for fighter pilots. *Scientific American*, New York, S. 32-34.

Dančuo, Zeljković, Rašuo, & Đapić. (13. Januar 2012). High G Training Profiles in a High Performance Human Centrifuge. (Military Technical Institute, Hrsg.) *Scientific Technical Review, 62*(1), S. 64-69. Belgrad: Vojna Štamparija.

DeHart, R. L., & Davis, J. R. (2002). *Fundamentals of Aerospace Medicine* (3. Ausg.). (R. L. DeHart, Hrsg.) Philadelphia: Lippincott Williams & Wilkins.

Digel (Chefredakteur). (1981). *Meyers Grosses Taschenlexikon in 24 Bänden*. Mannheim: Bibliographisches Institut AG.

Draeger, Prof. Dr. J., & Kriebel, Prof. Dr. J. (2002). *Praktische Flugmedizin*. (P. D. Kriebel, Hrsg.) Landsberg/Lech: Hüthig Jehle Rehm.

Flugmedizinisches Institut der Luftwaffe, & Generalarzt der Luftwaffe. (2006). *Kompendium der Flugmedizin* (2. Ausg.). (O. D. Pongratz, Hrsg.) o.O.: o. V.

Götz, H.-P. (2002). *Physik Pocket Teacher* (4. Ausg.). Berlin: Cornelsen Scriptor.

Hochwald, André (19. Januar 2013). Interview mit einem ehemaligen Kampfpiloten. (Anne Hochwald, Interviewer) Oldenburg.

London Metropolitan University. (2005). *Human Performance & Limitations* (2. Ausg.). Sandefjord: Nordian AS.

Schöffler, & Weis. (1978). *Pons-Globalwörterbuch Englisch Deutsch* (1. Ausg.). Stuttgart: Ernst Klett.

Whinnery, J. E., & Whinnery, A. M. (Juli 1990). Acceleration-induced loss of consciousness. A review of 500 episodes. *Archives of Neurology, 47*(7), Warminster, S. 764-776.

Wickens, Lee, Liu, & Becker. (2004). *An Introduction to Human Factors Engineering* (2. Ausg.). Upper Saddle River: Pearson Education International.

Ich habe mich für die Literaturquellen entschieden, da diese inhaltlich am passendsten zu dem Thema sind. Abgesehen von dem Lexikon und dem Wörterbuch handelt es sich bis auf zwei Werke ausschließlich um englische Fachliteratur, da mein Seminarfacharbeitsthema ein so spezifisches ist. Dies stellte bei der Bearbeitung der Fragestellung einen erhöhten Schwierigkeitsgrad dar. Um die Literatur zu beschaffen und eventuelle inhaltliche Unterschiede zu ermitteln, habe ich die Fernleihe der Bibliothek, den Privatbesitz und das Internet genutzt. Allerdings bin ich zu dem Schluss gekommen, dass sich die Informationen in ihren Sachverhalten alle sehr ähnlich sind. Schließlich handelt es sich hauptsächlich um physikalische und biologische Prinzipien, die unveränderlich sind.

3. Abbildungsverzeichnis

- *Abbildung 1:* a. a. O., Kompendium der Flugmedizin, S. 90.
- *Abbildung 2:* Kompendium der Flugmedizin, S. 96.
- *Abbildung 3:* André Hochwald, Privatbesitz (keine Eigenaufnahme).
- *Abbildung 4:* Kompendium der Flugmedizin, S. 103.
- *Abbildung 5:* s. Internetquellen.
- *Abbildung 6:* Kompendium der Flugmedizin, S. 140.
- *Abbildung 7:* Kompendium der Flugmedizin, S. 142.
- *Abbildung 8:* Kompendium der Flugmedizin, S. 143.

4. Internetquellen

(1) Abbildung 5:
http://www.wyle.com/ServicesSolutions/science/CommercialSpaceflightSvcs/PublishingImages/BrooksFuge.jpg

(2) Behar, M. (24. März 2002). Defying Gravity - A small Swiss firm develops an innovative G suit for fighter pilots. Scientific American, New York, S. 32-34. http://www.fulviofrisone.com/attachments/article/439/Scientific%20American%20-%202002%20-%2003.pdf

(3) Dančuo, Zeljković, Rašuo, & Đapić. (13. Januar 2012). High G Training Profiles in a High Performance Human Centrifuge. (Military Technical Institute, Hrsg.) Scientific Technical Review, 62(1), S. 64-69. Belgrad: Vojna Štamparija.

http://www.vti.mod.gov.rs/ntp/rad2012/1-12/9/9.pdf

(4) Whinnery, J. E., & Whinnery, A. M. (1990). Acceleration-induced loss of consciousness. Archives of Neurology, 47(7), Warminster, S. 764-776. Als Quelle diente das Abstract (die Zusammenfassung): http://archneur.jamanetwork.com/article.aspx?articleid=590217

.

5. Abbildungen

Der Großteil der Abbildungen stammt aus dem Kompendium der Flugmedizin, da dieses zusätzlich in digitaler Form vorlag. Dadurch konnte man Grafiken entnehmen, ohne ihre Qualität, z. B. durch das Scannen, zu vermindern und somit anschaulicher vorliegen zu haben. Diesem Zweck sollen die Abbildungen auch dienen. Sie sind nicht notwendig, um bestimmte Sachverhalte zu verstehen, können aber sehr hilfreich sein.

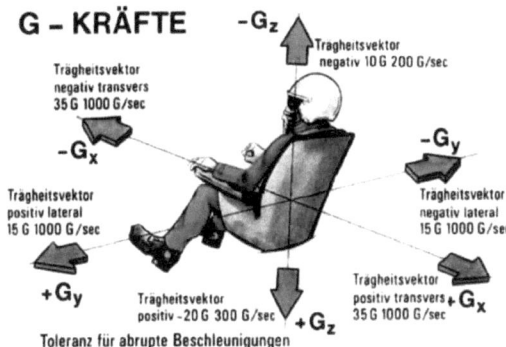

Abbildung 1: Die Achsen der G-Kräfte (die Toleranzgrenzen für abrupte Beschleunigungen sind hier nicht von Relevanz).

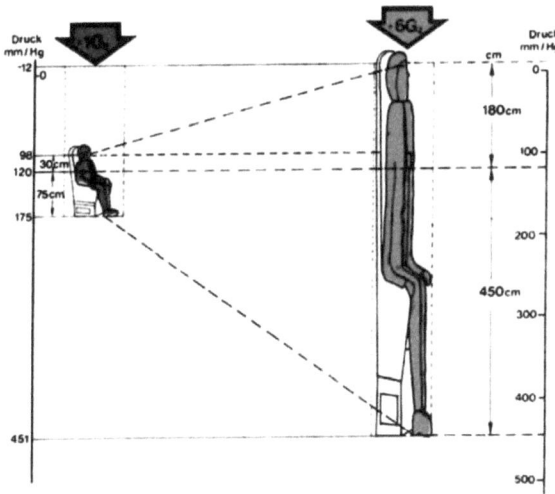

Abbildung 2: Änderung des hydrostatischen Druckes unter hohen $+ G_z$.

Abbildung 3: Anti-G-Hose; Durch den Schlauch (rechts) werden die fünf Kammern aus Gummi befüllt.

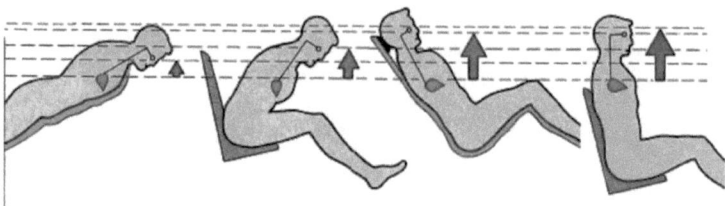

Abbildung 4: Veränderungen der Körperlage, um den Herz-Augen-Abstand zu verringern.

Abbildung 5: Human-Zentrifuge in Texas, Brooks Air Force Base.

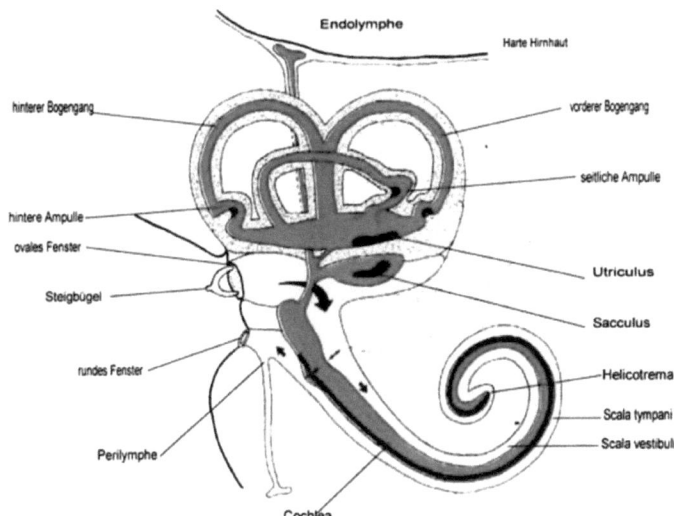

Abbildung 6: Die knöchernen Bogengänge; Die zwei Säckchen Utriculus und Sacculus, die den Otolithenapparat enthalten, kann man rechts in der Mitte erkennen.

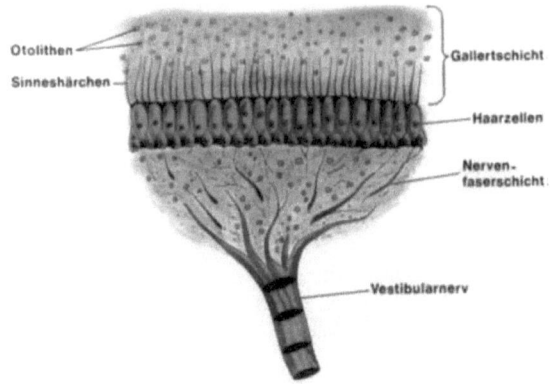

Abbildung 7: Das Otolithenorgan; Oben sieht man die Sinneshärchen, die in eine Membran hineinragen.

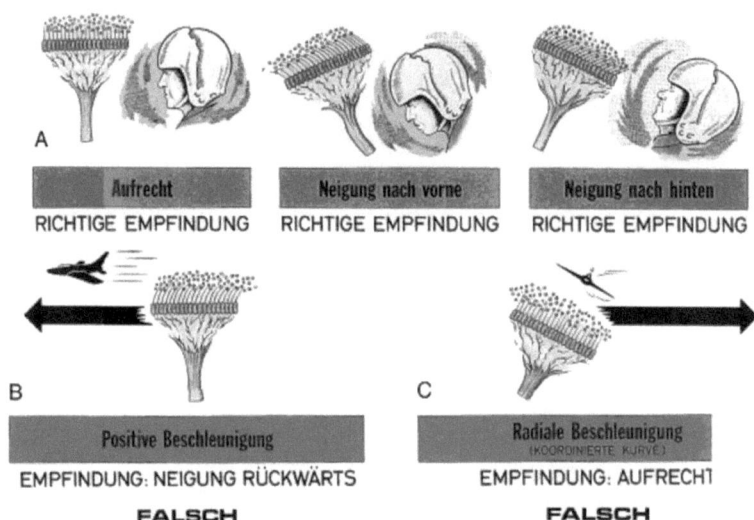

Abbildung 8: Funktion der Otolithen; Korrekte und durch Beschleunigungen erzeugte falsche Wahrnehmungen.